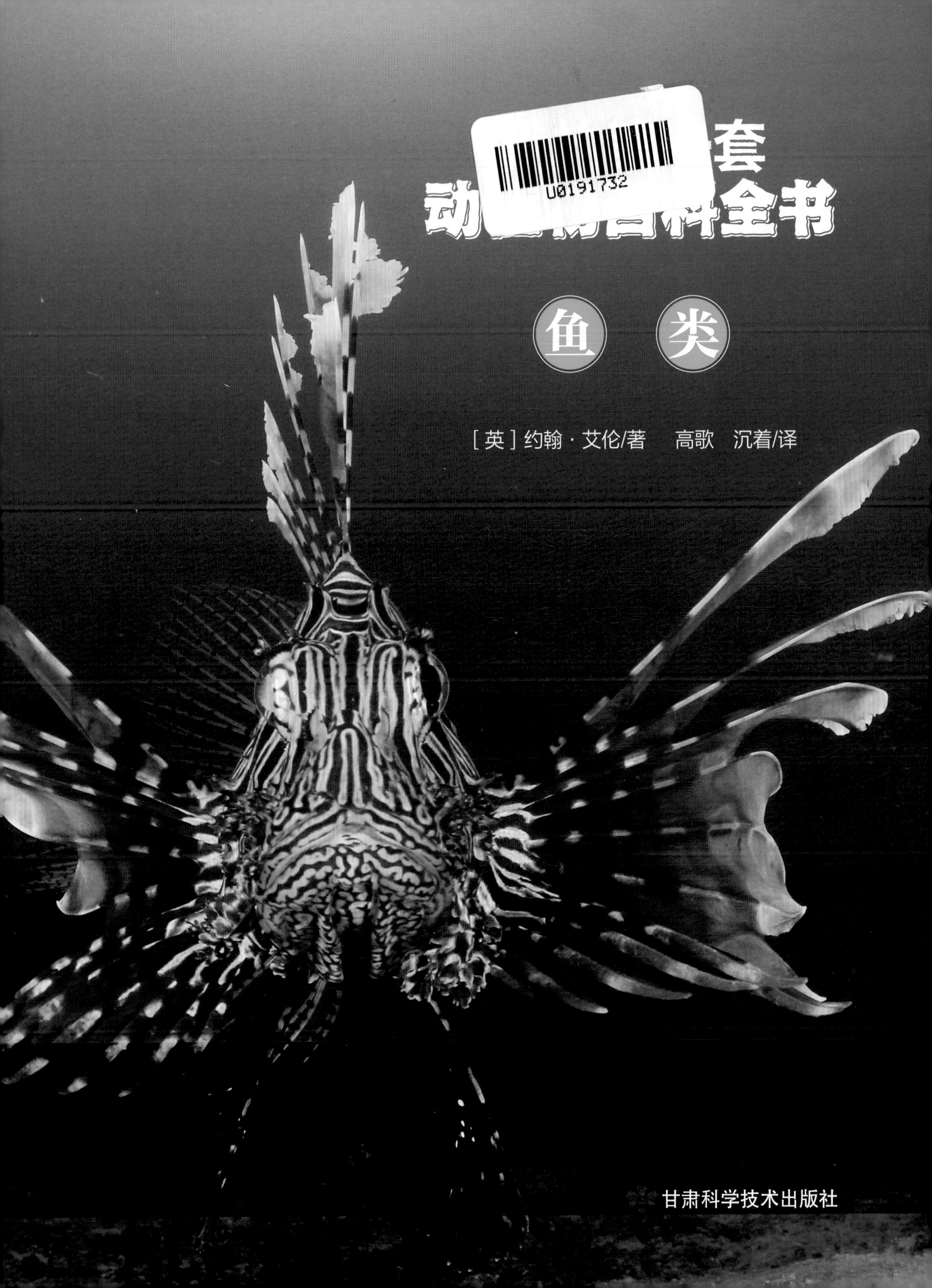
U0191732
鱼类
[英]约翰·艾伦/著 高歌 沉着/译
甘肃科学技术出版社

大白鲨的体形极为庞大，它的寿命可达 70 年或更长。

目 录
Contents

什么是鱼？

鱼类身上覆盖的鳞片可以保护它们的安全。

鱼类是一种生活在水中的动物，身上长着鱼鳍和鳞片。鱼在水下用鳃呼吸，水中的氧气通过鳃进入鱼的身体。

鱼类借助鳍和尾在水中游动。

有些鱼喜欢独来独往，有些鱼喜欢生活在庞大的鱼群中。一个鱼群可以由成百上千条鱼组成。

大多数鱼类通过产卵进行繁殖。这些鱼卵又小又软，雌鱼每次可以产下数百颗卵。

雌鱼将鱼卵固定在水底的石头上。

大白鲨

鲨鱼是鱼类的一种。有些鲨鱼可以直接产出幼鱼，幼鱼生下来就能自由游动，称为幼鲨，如大白鲨。

趣味小知识

大白鲨幼崽出生时足有 1 米长，它们长着锋利的牙齿，一出生就可以进行捕猎。

鱼类的栖息地

蓝刺尾鱼在珊瑚礁的洞隙里游来游去。

栖息地是指适宜动物生存和繁衍的地方，比如雨林、海洋、湖泊与河流。许多鱼类生活在大海中，海水是咸水。还有一些鱼类则生活在淡水池塘或溪流中。

一些色彩鲜艳的鱼类在珊瑚礁附近活动。这些珊瑚礁生长在海面附近温暖的海水中。

趣味小知识

尖牙鱼巨大的双眼可以帮助它在黑暗中看清周围的环境。

一些外形奇特的鱼类生活在阴冷黑暗的海洋深处，那里食物稀少。

弹涂鱼生活在泥泞的淡水沼泽表面。大部分时间，它用鳍在水面“行走”。

深海尖牙鱼（上图）的嘴巨大无比，它从不放过任何一条从眼前经过的鱼——甚至包括与自己体形接近的鱼！

海洋鱼类

生活在海底的石鱼看上去就像一块石头。它们身上长着难看的刺。

广阔的海洋世界中，既有 3 厘米长的小鱼，也有世界上体形最庞大的鱼类——鲸鲨！鱼类的外观也千奇百怪，一些海洋鱼类的外观看上去更像海草或石头，而不像鱼。

许多生活在珊瑚礁里的鱼类身上都有鲜艳的颜色或图案，这可以帮助它们躲避体形较大的捕食者。

趣味小知识

鲸鲨的长度可以达到 20 米。不过鲸鲨不是捕食者，它们主要以浮游生物为食。

番茄小丑鱼生活在珊瑚礁上。它们藏身在海葵蜇人的触手丛中，以此来躲避捕食者。

小丑鱼的身体表面有一层特殊的黏液。科学家们发现，这种黏液可以保护小丑鱼不被海葵蜇伤。

这条蝴蝶鱼身上的黑色斑点像是一只眼睛。捕食者一时不知道该从哪头发起攻击。

这只叶海龙长45厘米。

叶海龙生活在澳大利亚附近温暖的海洋中。它们躲在海草丛中，利用身上叶子形状的装饰物进行伪装。

鲈鱼生活在河流与湖泊中。雌鲈鱼一次可以产下约30万颗卵。

淡水鱼类

有些淡水鱼类生活在清澈流动的溪水或河流中，有些生活在水流静止、长满水草的池塘中。

水虎鱼生活在南美洲的淡水河流中。

水虎鱼是一种淡水鱼类，以其他鱼类、昆虫、种子和水果为食。有时，水虎鱼甚至会捕食体形比自己大的动物！

水虎鱼的牙齿像剃刀一样锋利！

每当旱季到来，河水大量减少，水虎鱼不得不聚集在拥挤的小片水域中。如果其他动物无意中闯入这片水域，就会遭到饥饿的水虎鱼群攻击。

鲶鱼在河流或湖泊的水底活动，它们用触须探测食物的位置。

鲶鱼生活在河流与湖泊中。它们以鱼类、贝类以及周围的小型生物为食。鲶鱼通常在夜晚进食。

当妈妈遇到爸爸

这是一对蝴蝶鱼。蝴蝶鱼一生只有一个伴侣。

大部分鱼类每年都会进行繁殖。有些鱼类会与配偶相伴一生，有些鱼类每年更换新的伴侣。多数鱼类一年中会与多个异性交配。

皇帝神仙鱼生活在珊瑚上。

一条雄性皇帝神仙鱼与2~4条雌鱼生活在一起。

淡水神仙鱼一生只有一个伴侣。交配后，雌鱼一次产下约1000颗卵。

图中这对神仙鱼正在看护它们的卵。

在锤头鲨生活的鲨群中，鲨鱼数量可能超过500只。体格最强壮的雌鲨游在鱼群的中心。

当雌鲨准备交配时，就会开始左右晃动头部，将其他雌鲨从身边赶走。

此时这只最强壮的雌鲨会吸引全部注意，从而确保它可以成功交配。

趣味小知识

鲨鱼生活在世界的各大海洋中。它们出现在地球上的时间比恐龙还早。

鱼类的生命周期

这是一对红花罗汉鱼。自然界中约有 *24500* 种不同的鱼类。

生命周期是指动物或植物在其整个生命过程中经历的不同阶段和各种变化。下列示意图分别展示了不同鱼类的生命周期。

1 一对狮子鱼

雄鱼和雌鱼相遇了。有些鱼还会筑巢。

雌鱼排出卵子，雄鱼为这些卵授精。

2 鱼卵被授精

有些鱼会一直守护着它们的卵，有些鱼则留下卵，让其自行孵化。

3

一对神仙鱼

小鱼宝宝是由鱼卵孵化出来的。它们需要自己照顾自己，可以从卵黄囊中获取食物。

4 小鱼宝宝们和鱼爸爸

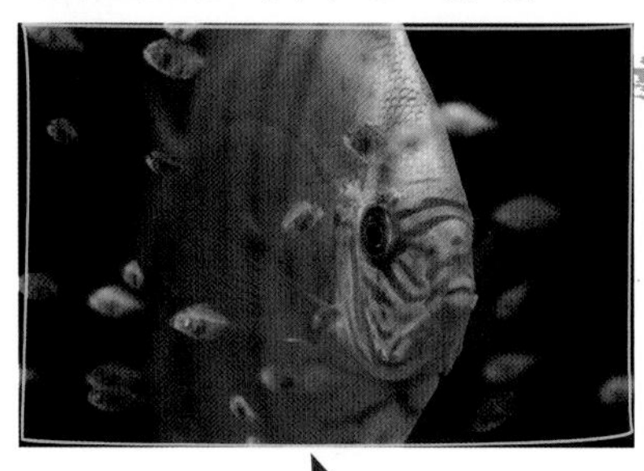

鱼类的生命周期

大部分鱼类的生命周期都会经历这些阶段。

鲨鱼的生命周期

大部分鲨鱼的生命周期都会经历这些阶段。

1 一对灰三齿鲨

成年雄鲨与雌鲨相遇，并进行交配。

2 雌性柠檬鲨和幼鲨

雌鲨一次可以产下多只幼崽。

3 一只黑鳍鲨幼鲨

幼鲨一出生就能独立生活。它们出生时就有牙齿，可以捕食。

深海琵琶鱼

深海琵琶鱼生活在漆黑的海底。雌鱼的背鳍从它的头部向前伸出，在顶端形成一个闪亮的发光球。

雌性琵琶鱼张开大嘴可以吞下与自己大小相似的鱼类。

趣味小知识

雄性琵琶鱼会逐渐成为雌性琵琶鱼身体的一部分！雌鱼进食时，食物也会进入雄鱼体内。

雌性琵琶鱼捕食时，会发出“灯光”吸引其他鱼类靠近！

雄性琵琶鱼无法自己进食。雄鱼成年后需要与雌鱼结伴生活。

小小的雄鱼附着在雌鱼身体上，从此一生再也不分开。雄鱼的身体会变得越来越小。

雄鱼

雌鱼

到了繁殖产卵的季节，雌鱼会与自己身上的雄鱼进行交配。

鲑鱼

成年鲑鱼生活在海洋中。秋天一到，它们就游回出生时所在的淡水河流中交配产卵。

准备繁殖的鲑鱼被称为产卵鱼。

鲑鱼逆流而上的旅程辛苦而漫长，充满了各种危险。

趣味小知识

鲑鱼必须跃过水瀑，还要躲避灰熊等捕食者的猎杀。

到达产卵地后，雌性鲑鱼会建造 4~5 个巢，也就是产卵区。雌鱼在每个巢中产下约 1000 颗卵，雄鱼为这些卵授精。

4 个月后，鱼卵完成孵化。它们身上有一个橙色的卵黄囊，那里有鲑鱼幼鱼成长需要的所有营养。

鲑鱼幼鱼一天天长大，大约 3 年后，它们纷纷向大海游去。

刺鱼

刺鱼是一种体形极小的鱼类，它们通常只有 5 厘米长。有些刺鱼生活在靠近海岸线的咸水中，有些刺鱼生活在淡水池塘、湖泊与河流中。

刺鱼以小型贝类和其他小鱼的卵为食。

每年 3 月到 8 月间，雄性刺鱼通过改变身体颜色，吸引雌鱼进行交配。

这段时间里，雄性刺鱼会用水生植物筑一个巢。为了吸引雌鱼，它会在巢前扭动身体卖力地跳舞。

交配季节，雄鱼的腹部会变成明亮的橙红色，眼睛变成蓝色，银白色的鳞片在背上闪闪发光。

趣味小知识

雄性刺鱼会留在巢中看护自己的卵，并照顾孵化的幼鱼。

雌鱼把卵产在雄鱼的巢中，雄鱼负责为这些卵授精。

狗鲨

狗鲨生活在海洋中，是一种体形很小的鲨鱼。成年狗鲨长约 1 米。大部分时间里，它们都在海底追逐、捕食螃蟹、明虾和各种小型鱼类。

鲨鱼的骨骼是由软骨组织构成的。人类的耳朵也有类似的柔软结构。

这是一只斑点较少的狗鲨。

雌性狗鲨产下的每颗卵都有一个小而坚韧的外壳。

雌鲨将这些卵固定在海藻丛中，这样它们就不会被水冲散或遭到毁坏。生长在壳里的狗鲨宝宝被称为胚胎。

胚胎在壳中生长的时间长达 9 个月。随着胚胎一天天长大，它需要在壳里卷曲身体。即将孵化出壳的小狗鲨长度可以达到约 10 厘米——相当于卵壳长度的 2 倍。

趣味小知识

狗鲨的空卵壳经常被海浪冲上沙滩。人们把它称为美人鱼的钱包。

海马

这种外形奇特的鱼类长着像马一样的头，它们的尾巴可以用来勾住物体。海马的两只眼睛可以分别向不同的方向转动——一只向前看，另一只向后看。

交配时，雄海马和雌海马用尾巴勾住对方，它们会一起游动，或是在一团海草上不停地扭动摇摆。

海马的身体被一层像盔甲一样坚硬的骨环包裹着。

趣味小知识

海马可以根据周围环境改变自己的颜色。

雄海马的腹部有一个像口袋一样的育儿袋。雌海马把卵产在育儿袋中，由雄海马照顾。

大部分海马伴侣终生相伴。

雄海马负责把孵化的小海马生下来。它用长长的尾巴勾住一缕海藻，然后不停地前后摇晃身体，直到小海马从育儿袋里掉落。这一过程会持续两天左右。

神奇的鱼类

狮子鱼

狮子鱼生活在温暖海域的珊瑚礁上。

成年狮子鱼独自生活，交配时才聚在一起。在3~4天的时间里，每只雄鱼都会努力吸引可以交配的雌鱼。

趣味小知识

狮子鱼的鱼鳍就像一根针，可以将毒液刺入捕食者体内。

雄性狮子鱼时常互相打斗，它们会张开长矛一样的鱼鳍互相冲撞、撕咬。

鱼鳍

成年狮子鱼的长度约为30厘米。

当雄鱼找到伴侣后，两只鱼会面对面不停地转圈游动。这种独特的舞蹈可以从水下一直持续到水面上。

孵化出来的小狮子鱼会潜入海底躲避捕食者。

雌鱼在水面上产下一个包含上千颗卵的球。雄鱼给卵授精后便和雌鱼一起离开。约3个月后，这些卵才能全部孵化。

锤头鲨

锤头鲨生活在太平洋、印度洋和大西洋的温带海域。它们全是游泳健将，据说曾有过攻击人类的历史。

一只成年锤头鲨长 3~4 米。

锤头鲨宽大的头部两侧各有一只眼睛和一个鼻孔。科学家发现，头部两侧的眼睛使它在捕猎时能够更好地了解周围的环境。

背鳍

眼睛

雌性锤头鲨一次可以产下 20~40 头幼鲨。

幼鲨出生时长约 70 厘米。它们体形较小，外形与成年鲨鱼一模一样。幼鲨一出生就要独自生存。

锤头鲨以鱼类和其他鲨鱼为食。它们最喜欢的食物是刺魟。

刺魟

趣味小知识

有些鲨鱼长着数排锋利的牙齿。一颗牙齿脱落后，后面的牙齿会向前移动来代替它。

奇妙的大自然

所有鱼类无论大小都要依靠鱼鳃在水下进行呼吸。为了研究鱼类的生命周期并拍摄它们的活动，人类必须穿上潜水装备、带着氧气罐，长时间待在水下。

雄性后颌鱼会将雌鱼产下的卵含在口中照看。

雌性翻车鱼每年可以产下约 3 亿颗卵。每颗卵几乎比芝麻粒还要小。

趣味小知识

翻车鱼可以长到 5 米长，最大重量约 3500 千克。

河鳗一生只产一次卵。它们平常生活在淡水中，但会游到大海中交配产卵。

沙虎鲨在母亲子宫中时，体形最大的幼鲨会立刻捕食自己的兄弟姐妹。

蝠魟的翼展可长达 7 米。

蝠魟体形巨大，以浮游生物为食。它们游泳的时候扇动着像翅膀一样的鱼鳍。雌性蝠魟每年产下 1~2 只后代。

图书在版编目（CIP）数据

我的第一套动植物百科全书．4，鱼类／（英）约翰
·艾伦著；高歌，沉着译．-- 兰州：甘肃科学技术出
版社，2020.11
ISBN 978-7-5424-2652-9

Ⅰ．①我… Ⅱ．①约… ②高… ③沉… Ⅲ．①鱼类－
儿童读物 Ⅳ．①Q95-49 ②Q94-49

中国版本图书馆CIP数据核字（2020）第229139号

著作权合同登记号：26-2020-0103

Amazing Life Cycles - Fish

First published 2020 by Hungry Tomato Ltd.

Simplified Chinese edition arranged by Inbooker Cultural Development (Beijing) Co., Ltd.

我的第一套动植物百科全书(全6册)

300多幅高清彩图 40多种物种范例

让我们从这里走进神奇的动植物世界，

认识各种有趣的物种，探索它们的生命奥秘……